未来能源

探索月球

神奇地球

神秘机器人

第一辑·全10册

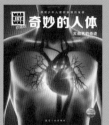
奇妙的人体

深海之谜

太空之旅

走进热带雨林

第二辑·全10册

宇宙中的星体

伟大的发明

神奇的火车

沙漠之旅

第三辑·全10册

显微镜探秘

野生动物

奇趣萌宠

鸟类不简单

第四辑·全10册

神秘的古埃及

印第安人

伟大的探险家

未来世界

第五辑·全10册

蛇的故事

考古探秘

马的生活

舞蹈的魅力

第六辑·全10册

生物质资源
2023 NEW

石器时代
2023 NEW

第七辑·全8册

源自好奇 科学改变未来

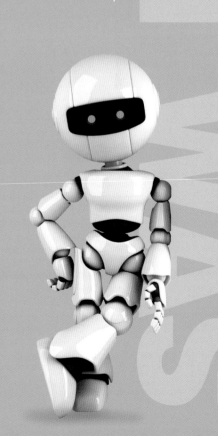

WAS IST WAS
珍藏版

德 国 少 年 儿 童 百 科 知 识 全 书

大象王国

温和的"巨人"

［德］安德里亚·韦勒－埃塞斯／著　马佳欣／译

航空工业出版社

方便区分出
不同的主题！

真相大搜查

26
年轻的公象离开象群，开启新的生活！

29
大象也会通过耳朵和脚来交流。

19
大象发出的鼻号，声音可以很响亮！

7
亚洲象生活在草原和森林地带。

12
大象在潜水时会将鼻子伸出水面呼吸。

30 印度教的神祇甘奈施的形象就是一半是大象，一半是人。

30 / 大象与人类

40 大象孤儿们在达芙妮·谢尔德里克救助站找到了新家。

34 从灰色变成彩色——斋浦尔大象节上的大象。

40 / 需要救助的大象

符号 ▶ 代表内容特别有趣！

45 小心，辣椒炸弹！它那辛辣的气味甚至赶走了饥饿的大象！

48 / 名词解释

重要名词解释

欢迎来到
大象小伙儿们的家！

格莱茨拉格先生，如何才能成为一名大象饲养员呢？

动物园培养一名饲养员需要三年。在此期间，你要尽可能学会和动物园里生活着的所有动物打交道。之后，你可以专门同某一种类型的动物打交道，比如食肉动物、猿类或者本书里提到的大象。

姓　名：斯蒂芬·格莱茨拉格
职　业：海德堡动物园大象保护区负责人。他的保护对象有个特别之处：它们都是小伙子！
年　龄：38岁

在围栏前给动物进行身体护理也属于培训内容。这只动物刚刚修剪完脚指甲。

动物饲养员是一份危险的工作吗？

不危险，因为我们的工作都是在有保护措施的条件下进行的。也就是说，我们饲养员和动物之间总是会隔着一圈围栏，我们只会在围栏边和动物接触。围栏上有不同的出口，这样它们可以把脚、象鼻或者耳朵伸出来。当然，只有在这些动物信任我们并且自愿这样做的时候，工作才能顺利进行。

为什么这里只生活着公象呢?

在大自然里，年轻的公象在几年之后会离开自己母系的象群，同其他年轻的公象一起生活。而在动物园里饲养的公象长期以来都面临一个问题，那就是它们不能待在象群里。而和其他大象分开，要忍受孤独的痛苦。所以在 2010 年，我们成立了一个年轻公象小组，一些 5 ~ 6 岁的公象从欧洲其他动物园来到这里，找到了一个临时的新家。

动物在海德堡动物园都学习什么?

大象会同我们一起生活到 10 岁。在这段时间里，它们之间会形成一个等级，最年长或者最强大的象通常拥有话语权。年幼的大象必须服从这些年长的象，并且向它们学习如何融入群体或者如何在群体中保持地位。

大象几乎整天都在进食，但食物不是直接放在围栏里的，它们必须自己去寻找。

这里的动物都拥有独特的性格吗?

这是肯定的！我们这个象群的首领叫作甘地。它是一个粗暴的领导者，如果其他象不听它的指挥，它就会变得非常粗野。塔拉克是我们这里最年长的象，相比之下就体贴又温柔。相反，亚达纳尔就是一个小战士，它不断去挑衅别人并试图对别人发号施令，所以它经常和年长的大象发生矛盾，它们会告诉亚达纳尔——它不是这儿的老大！路德维希是我们这里最年轻的大象，它就像是一位艺术家、工程师。每次训练的时候，它总是尝试着把所有动作都做到准确无误。

海德堡大象之家的一天是什么样的?

早上七点半，我们要做的第一件事情就是去检查所有的动物是否健康，然后我们会给大象吃营养健康的什锦麦片。大象吃完早饭去室外的时候，我们会清理室内的卫生。十点左右开始围栏边的第一次训练，两点接着第二次训练。约莫三点半，我们会开始准备大象的晚餐，再次给围栏内部做卫生。这之后，动物就会在这里待到第二天早上，并会在这段时间里嬉戏、打闹、洗澡和睡觉。

拜托不要嚼碎！为了吹奏口琴，大象首先要学习直直地伸出象鼻。下一步，饲养员会把口琴放到象鼻尾端，在大象呼气的时候，口琴就会发出声音。通过这种方式，这个家伙逐渐学会通过吹气来发出音调。

动物在训练中都做什么?

每只大象都有自己的喜好，比如亚达纳尔喜欢踢足球，其他大象喜欢听音乐或者画画。但这里的训练跟马戏团的训练是不一样的，聪明的动物应该接受挑战，学习一些技能。我们通常一次只训练一头大象，这样就可以和每一头大象深入交流。

灰色"巨人"的故乡

大象的故乡在亚洲和非洲，这些温顺的食草动物生活在不同的栖息地。它们曾经广泛分布在这两大洲，如今，非洲的野生大象只出现在撒哈拉沙漠以南，例如在东非和南非的热带草原地区、中非沙漠地区，以及中非和西非的雨林地区。在亚洲，它们主要生活在印度、斯里兰卡和东南亚的一些岛屿上。

在非洲萨瓦纳草原

非洲的草原被称为萨瓦纳草原，它是介于肥沃、温润的雨林和干燥的沙漠之间的区域。这里的雨季和旱季交替，一年四季都很温暖。萨瓦纳草原上主要生长着草和少量树木，这些是大象唯一的食物来源。它们吃草、树枝、树皮和树叶，用长牙从地下挖出根和茎。对这些大象来说，粗大的非洲猴面包树的果实就是美味珍馐。

沙漠里的生活

在中非，大象生活在纳米布沙漠，这是世界上最古老的沙漠之一。这里的气候极度恶劣，每年的降雨量小于 150 毫升，这稀少的降水量甚至连水杯都装不满。由于干旱，这些大象每天要走 70 千米才能到达最近的水源。沙漠中的气温波动很大，白天能高达 50 摄氏度，到了夜晚则会下降到 0 摄氏度。沙漠象已经完全适应了这种气候条件，它们的脚要比其他种类大象的脚宽一些，这样它们就不会陷入炎热的沙漠里。

雨林中的大象

相反，热带雨林中并不缺少食物和水。常青森林中的热带雨林气候温暖潮湿，几乎每天都下雨。这里的森林象以树叶、树枝、树皮和水果为食。与此同时，大象还完成了一项重要的任务：它们的好胃口给植物创造了生长空间，植物的种子通过大象的粪便排出去，种子所到之处就会有新的植物开始生长。

栖息地

如今，非洲象只生活在撒哈拉沙漠以南。绝大多数的非洲象生活在肯尼亚、坦桑尼亚、博茨瓦纳、津巴布韦、纳米比亚和南非。野生亚洲象会出现在印度、中国、斯里兰卡、尼泊尔、不丹、孟加拉国，以及泰国、缅甸、越南、柬埔寨、老挝、马来西亚和印度尼西亚。

① 无边无际
非洲的热带草原是许多野生大象的家园。

➡ **你知道吗？**

大草原上水果短缺：猴面包树的果实是一种稀有美食，大象甚至很喜欢嚼猴面包树的树皮，因为里面有很多水分。

亚洲象

亚洲象同样生活在草原和森林地带。雨季的时候，大象喜欢待在干燥的森林中。这里的森林是热带或者亚热带气候，亚热带气候的树木在旱季会落叶，于是大象会躲进潮湿的沼泽森林、原始森林和高山森林。比如，苏门答腊岛上的象会去高达 3 000 米的地区。在雄伟的喜马拉雅山脉，它们甚至能一直攀爬到雪线地带。

大象无处可去

然而，不论是非洲还是亚洲，给这些温和的"巨人"留出的空间都变得有限。人类占领了越来越多的土地，并且砍伐雨林，这很大程度上破坏了大象的栖息地。此外，非洲的沙漠面积不断扩大，动物因为无法找到水源而被迫离开，这也导致大多数大象生活在保护区。

2 **绿色雨林**

野生亚洲象已经变得十分稀有。

亚洲象还是非洲象?

不同种类的大象各有区别,比如非洲象和亚洲象之间就存在很大的差异。当今现存三种类型的大象:亚洲象、非洲草原象和非洲森林象。这三种类型的象不仅在外观上彼此不同,它们的基因也是不一样的。此外,母象和公象也有区别:不管是哪种类型的大象,母象都比强壮的公象体重更轻、个头更小。

婆罗洲象

婆罗洲象(又名婆罗洲侏儒象)生活在东南亚婆罗洲岛的低地森林中。这种大象只能长到 2.5 米左右的高度,也是亚洲象中最小的一类。

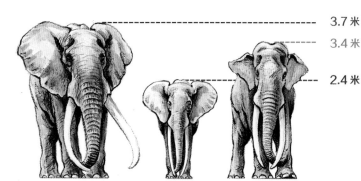

3.7 米
3.4 米
2.4 米

从左至右:非洲草原象、非洲森林象和亚洲象

非洲草原象

身　高:可达 3.7 米(雄性大象)
体　重:约 7 000 千克
栖息地:草原、干旱森林、半沙漠和沙漠地区
体貌特征:
—— 头部前额凸起
—— 鞍背:背部有凹陷,肩部是身体最高点
—— 公象和母象都有象牙
—— 象牙向上弯曲
—— 象鼻有两个鼻突
—— 三角形的大耳朵
—— 皮肤褶皱很多

这三种类型的大象中,非洲草原象是体形最大的,也是地球上现存最大的陆生动物。一头成年公象的身高能有将近 4 米,这个高度比两个成年人叠立起来的高度还高。你可以在非洲的野外发现它们!这些大象已经适应了这里各种各样的栖息地,但大多数非洲草原象并不适应在热带雨林中生活。而它们的外观也可能会因生活在不同的栖息地而有所不同。

武装精良:非洲象不仅公象有象牙,母象也是有象牙的。

非洲森林象

身　高：可达 2.4 米（雄性大象）

体　重：约 3 000 千克

栖息地：主要生活在中非热带雨林

体貌特征：

—— 前额的凸起较圆润

—— 鞍背：背部有凹陷，背部是身体的最高点

—— 公象和母象都有象牙

—— 象牙较细，且朝下生长

—— 象鼻有两个鼻突

—— 圆形的耳朵

—— 皮肤褶皱很多

人类对非洲森林象的生活方式知之甚少。迄今为止，几乎没有人涉足这项研究。

非洲森林象生活在茂密的非洲雨林中，人们很少能看到它。它比非洲草原象小得多，体重仅是非洲草原象的一半。直到几年前，科学家们才发现，它的遗传基因跟非洲草原象有许多不同，而这与他们最初的设想并不吻合。自那时起，非洲森林象才被作为一个单独的种类列出。

亚洲象

身　高：可达 3.4 米（雄性大象）

体　重：约 5 500 千克

栖息地：草原、干旱森林、半沙漠和沙漠地区

体貌特征：

—— 额头处有两个鼓包

—— 鞍背：背部略微向上凸起，头部鼓包处是身体的最高点

—— 公象有象牙，有的母象也有短小的象牙

—— 象牙向上弯曲，通常比非洲象的牙短一些

—— 象鼻有一个鼻突

—— 耳朵较小

—— 皮肤比较光滑

总体说来，亚洲象比非洲草原象稍小一些，体重也稍轻一些。它生活在亚洲野外。根据栖息地的不同，科学家们把当今现有的亚洲象分成了 5 个亚种：斯里兰卡象、印度象、苏门答腊象、马来象和婆罗洲象。自 2003 年起，这些类别就成为独立的大象亚种。

雌性亚洲象有的没有象牙，但是这并不代表它们没有防御能力！

一只敏感的厚皮动物

带来凉爽的大耳朵

非洲草原象在萨瓦纳草原上几乎找不到可以为它们遮挡阳光的树荫，难怪它们的耳朵要比在森林里生活的那些大象大得多。

非洲草原象不仅是体形最大的陆生动物，其体重也是最重的。一头成年公象的体重可达7 000千克，相当于一辆小型卡车的重量。为了承受住身体的全部重量，它们粗壮的腿都长得笔直。尽管如此，由于其脚部的特殊构造，这位重量级的家伙还是能够轻手轻脚地走动。如果仔细观察大象的骨骼，你会发现其实它是踮着足尖走路的。它们的脚趾骨周围长有厚垫，这些厚垫就像减震器一样，能起到减重的作用。大象一挪脚，它的脚趾就会张开，厚垫就能够均匀受力，这样一来，脚正好可以适应地面，使大象能够稳稳地站住。大象一抬脚，脚掌就会向上形成拱形，脚与地面的接触面积随之变小，这时它便能轻松地将脚拉出泥泞的地面。此外，大象的脚底还有许多沟壑和凹槽，它们给予脚掌良好的抓地力，这就跟旅游鞋底上凹凸的花纹作用一样！

通风的耳朵与藏着凉爽的褶皱

大象的听力很好，但这与其耳朵的大小无关。大象跟我们人类不一样，它们不能出汗，只能通过皮肤来散发身体多余的热量，所以其引人注目的大耳朵是为了确保大象不会太热。但是相比大象的体积来说，它的皮肤表面积其实很小，而每扇耳朵能将皮肤表面积扩大多达3平

3块、4块还是5块脚指甲？

非洲象的前脚通常有4块或5块脚指甲，后脚有3块；亚洲象的每只前脚都有5块脚指甲，后脚有3块或4块。

停下来！

大象即使走在石头上，其脚底下的凹槽和沟壑也能确保牢固的抓地力。

褶皱

非洲象的皮肤比它的亲戚亚洲象皮肤更皱。

方米。大耳朵上遍布细小的血管，这样热量就可以通过血液释放到空气中。如果大象均匀地扇动它的耳朵，那这阵风不仅可以让它的身体凉快下来，其他动物也能共享这份凉意。除了耳朵外，大象褶皱的皮肤也有助于降低体温。洗完澡后，水分藏在褶皱中，不会那么快蒸发，这样就给大象提供了额外的凉爽。

长长的象牙

大象的巨型长牙是极细长的门牙，而且会一直生长。雄性非洲象的象牙可以长到 3 米长，重达 200 千克。而雌性非洲象的象牙要明显小一点。雌性亚洲象有的没有象牙，有的象牙非常小。长长的象牙虽然不是生存所必需的，但却非常实用。大象可以把象牙作为挖掘工具，或者用它把树皮从树上铲下来。雄象还靠象牙来吸引雌象。不过它们很少用象牙相互攻击。亚洲象和非洲草原象的象牙向上弯曲，而非洲森林象的象牙则是朝下生长的，这样非洲森林象在丛林里就不会那么容易被灌木丛缠住。

知识加油站

► 大象的皮肤可厚达 3 厘米，但这仅是在背部、腿部等地方。耳朵后面、眼睛周围或者肚子上的皮肤则像纸一样薄。

► 大象的皮肤非常敏感。当一只苍蝇爬到它身上时，它能立马感觉到。为了赶走这些恼人的昆虫，让自己冷静下来，大象通常喜欢洗泥浴或者沙浴。

► 补充说明：厚皮动物指的不仅仅是大象，犀牛、貘、河马等也被称为厚皮动物。

脚底还是脚趾？

大象是"足尖行走者"，也就是说，大象是将重力集中在足尖的。而我们人类是用整个脚掌走路的，我们是"足底行走者"。

潜入水中

大象可是优秀的游泳健将和潜水员。在水里,它们会移动四肢向前游去!

在潜水时,大象会把它们的鼻子作为进气管,这样即使在水下它们也能呼吸到空气。

真是一个奇妙的工具!

大象可以巧妙地用鼻子抓住树枝,用它来给头挠痒痒。

大象的鼻子呈灰色,长长的,又极其灵活!这个醒目的器官其实是从大象祖先的上唇和鼻子进化而来的,它不仅可以用来呼吸,而且嗅觉非常敏锐。大象只要抬起它的长鼻子在空气中闻一闻,便能感知到5千米外的同胞。不过这长长的鼻子可比普通的嗅觉器官功能更多。它真的是一个万能工具,作为一只实用的"手"也是必不可少的。由于大象很难弯腰,它便用鼻子抓取食物,送到嘴里。它用这个敏捷的"手"把草从土里拔出来,摘果子和树叶,或者用力摇晃树干,直到果子从树上掉落到地上。长鼻子也用于喝水和洗澡,大象的鼻子可以吸起来10升水,然后把水喷进嘴巴里或者喷到身上冲凉。它还能借助长鼻子将沙子、灰尘或者泥土放在背上,这是这个"庞然大物"用来保护敏感皮肤的方法,因为灰尘层可以保护它的皮肤不受蜱虫以及其他寄生虫的侵害。

机械手仿照的正是大象的鼻子。

大象用象鼻互相拥抱，致以友好的问候。

万能的鼻子

大象之间也可以通过鼻子来互相交流。当两只大象面对面把它们的长鼻子缠在一起，就好比我们人和人之间一次友好的握手。这也是这些善于交际的大象与其他伙伴打招呼的方式。而大象从它的长鼻子里发出的鼻号是在警告同胞们即将到来的危险。这个全能的器官将力量与灵敏结合起来：大象可以毫不费劲地用它将树枝甚至是树干高高举起来，又或者是在战斗中将它作为具有攻击力的武器，还能用它小心翼翼地将沙子从眼睛里揉出来或者挠头。

一个鼻突还是两个鼻突？

象鼻中大约有 4 万条肌肉纵横延伸，它们让象鼻既强壮又灵活。象鼻皮肤结实，触觉敏感。在其末端长有鼻突，这样一来，这些大家伙就可以用这些鼻突来感觉和抓住细小的东西。非洲象的两个鼻突相对而立，而它的亚洲亲戚只拥有一个鼻突，位置跟宽阔的象鼻下沿相对，用来抓取东西。但不论是一个鼻突还是两个鼻突，它们都能熟练地抓握，只是抓握技巧有些许不同。不过，想要熟练地使用这个万能的器官并不是那么容易的，小象一开始就要学习如何用它们的长鼻子抓握、吮吸和触摸。

➜ 你知道吗？

科学家按照大象鼻子原型研发了人工机械臂。与传统的机器人手臂相比，这款机械臂更加灵活，就像大象的鼻子一样灵巧。即使是生鸡蛋或者易碎的玻璃制品也可以轻松地抓起，不会让它破裂。在未来，带有这种机械手的机器人会被用于收获橙子或者苹果。

不可思议！

空气中有什么？大象的嗅觉极其灵敏，为了能闻到更远的气味，大象会将长鼻子伸出去。

鼻突的数量向我们透露了大象的种类：两种非洲象都拥有两个鼻突❶。亚洲象只有一个鼻突❷。

长鼻目动物和它们的亲戚

始祖象

始祖象是大象的祖先之一，象鼻在后来才进化。

渐新象

这位祖先已经有一个短象鼻。

➡ 你知道吗？

原始时期，大象的亲戚们曾遍布全世界（澳大利亚和南极洲除外）。而现如今，野生大象仅生活在非洲和亚洲。

大象的家谱可以追溯到很久以前，它们的祖先来自非洲。大约 3 500 万~5 000 万年以前，这里生活着始祖象。这个原始动物并没有长鼻子，高约 1 米，看上去更像猪。它生活在湖边或是河边，最喜欢吃水生植物。大象的另外一位祖先是近两米高的渐新象，这种象拥有一个短象鼻。在数百万年的时间中，出现了越来越多新的长鼻目动物，它们的体形也变得越来越大。大约在 750 万年以前，出现了非洲象和亚洲象的进化象种，当今现存的大象也就是由它们进化而来。后来陆陆续续有 160 种不同品种的动物隶属长鼻目，其中大多数都已经灭绝，现如今只剩下这几类大象。

从非洲到全世界

大象的祖先们从非洲散布到几乎每个大陆，并且适应了各种各样的条件。它们先是去

了亚洲和欧洲，欧洲森林象就源于德国。随后冰河时代出现了通往美洲大陆的陆桥，于是这些动物就去了北美洲和南美洲。

举世闻名，但已灭绝无踪

大象最有名的先辈之一便是猛犸象，它也有许多不同的种类。大约 570 万年前，出现了最早的猛犸象。它们之中有些可以长到 4.5 米高，还没有哪个长鼻目动物能够达到如此高度！猛犸象中最有名的一种是真猛犸象，又名长毛象。在冰川时期，它生活在北美、欧洲和亚洲的寒冷地带，它那厚实的长毛可以帮它抵御严寒。猛犸象在很长一段时间内广泛分布，但在大约 1 万年前，它们几乎完全消失了。仅有一小部分在北冰洋的一个岛上幸存下来，而这些猛犸象也在差不多 3 700 年前灭绝了，其原因至今也未查明。或许是气候的改变，使得

猛犸象是长鼻目动物中的"巨人"，它们有着长而弯曲的象牙。迄今为止发现的最大标本身高近 5 米。人们不断地在西伯利亚终年结冰的地层中发现猛犸象标本，它们死后尸体被冻结起来，至今保存完好。

海 牛

海牛是一种海洋生物，是大象现存的亲戚之一。

原始壁画

卡波瓦洞穴中的壁画至今已有 16 000 年的历史。

这些猛犸象无法再生存下去。也有可能是生活在石器时代的人类致使它们灭绝，因为这些人相较他们的祖先而言，拥有更好的打猎武器，从而猎杀了过多的动物。

现存的亲戚

当今仍现存一些大象的亲戚，但第一眼看上去，它们和这个灰色的"巨人"并没有什么共同之处。海牛是一种体形庞大、长有鳍脚并且生活在海里的动物。蹄兔长相酷似土拨鼠。这只灰面象鼩虽然长有一个象鼻般的鼻子，但是从其他方面来看，它看上去更像是一只老鼠。然而即使这三种动物与大象在外观上迥然不同，却也和它是亲戚，因为科学家们发现，它们的 DNA，也就是基因组成，是相似的。由此我们可以得知，它们的祖先相同，这位祖先生活在大约 8 000 万年前的非洲。

知识加油站

▶ 我们的祖先——石器时代的人类，在洞穴的墙壁上画画，其中有些保存至今。这些画中常展示像猛犸象、马、犀牛或者狮子这样的动物。

▶ 这些人用黑色木炭和用水混合的土质涂料作颜色。

▶ 现已发现的最古老的洞穴画有大约 37 000 年历史。

蹄 兔

小蹄兔喜欢岩石，它们生活在雨林或者萨瓦纳草原。

象 鼩

直到十几年前，科学家们才发现了这种灰面象鼩。

聪明的脑袋瓜

"巨人"的智慧

大象年纪越大，经验就会越丰富。年纪较大的象可以将它的知识传递给小象。

牧羊人与战士

马赛族有时会猎杀大象。这些动物知道这一点，所以都躲得远远的。

大象非常聪明，且记忆力惊人。这个灰色"巨人"能够毫不费劲地记住通往曾去过的距离很远的觅食地点或者水源地的路，即使它们只走过一次。同样，许久未见的大象朋友，再见时它们也能马上认出来。和我们人类不一样，它们不是靠眼睛来完成这些事情的，而是更多地依赖出色的嗅觉和敏锐的听力。甚至过了几十年，它们也能记住同伴的味道和声音。

是敌还是友？

研究人员发现，大象也可以区分不同的人群。例如在肯尼亚，他们观察到，当马赛族男子靠近时，这些非洲象就会逃跑。显然，这些动物已经知道，这次狩猎是冲着它们来的。最初，研究人员认为大象是通过他们艳丽的红色衣服识别出马赛族男子。但是他们错了，因为大象根本就看不到红色。在马赛族女子或者孩子面前，大象就只是静静地待着。同样，当卡姆巴部落成员走近时，这些动物也没有撤离，因为它们知道这些人不会给它们带来危险。实验表明，大象可以通过他们的语言和气味区分他们。仅仅是声音，就向它们透露出这些人的年纪、出身和性别。除此之外，它们还能将感

人们用木头、干草和干燥的大象粪便来生火。

官印象同过去的经验结合起来。这是一项非常有用的技能，因为这样一来，这些动物就能知道靠近它们的到底是敌还是友，可以省去不必要的逃跑，以节省体力。

从长辈那里学习

学习在大象群中扮演着重要的作用，小象会模仿成年象的行为，因为就像我们人类一样，刚生下来时，它们也什么都不会。在差不多三个月的时候，它们首先要学习如何发出鼻号。慢慢地，象群就会教给它们生活所需的所有技能。同样，成年大象终其一生都在学习，它们

观察其他物种，汲取它们的经验，从而有针对性地处理问题，这样它们就可以避开偷猎者潜伏的区域。动物年纪越大，其他动物可以从它那里学习的经验也就越多。这也是为什么通常是由年纪较长、充满智慧的大象来领导象群。

真聪明！

大象到底有多聪明，咱们看看它们如何使用工具就知道了。大象会正确地扯下树枝，并用它来赶走烦人的苍蝇，或者朝攻击者丢石头。研究人员甚至能证明，大象会数数，它们或许就是使用这项技能来检查象群是否完整的。

➜ **你知道吗？**

许多大象能在镜子中认出自己，这项技能在动物界是十分罕见的。研究人员目前仅在类人猿、喜鹊、海豚和大象身上证明了这一点。其他动物在镜子中看到的是一幅陌生面孔。如果一个生物可以在镜子中认出自己，那么它就必须对自己有所了解！这是一个多么了不起的本领！

大象的感官

闻：大象的嗅觉极其出众。大象的象鼻甚至比狗的鼻子还灵敏。

摸：象鼻顶端的触须能够感觉出最细微的不平整。

触：大象可以通过脚感受到地面上最细小的震动。

听：大象的听力也非常好！它们能够听到150千米以外的雷暴声。

看：大象通过眼睛可以感知来自各个方向的运动。但它们的视力没有人类这么好，而且完全无法识别出红色。

大象相当放松，它想：这些人看上去不会对我构成威胁。

奇妙的大象！

大胃王

大象每天至少要进食150千克的植物才能吃饱，光这个过程就要花费大约17小时。除此以外，大象每天还要喝150升的水。

身材高大

经过测量，最高的非洲象身高足有4.21米，几乎是一辆双层巴士那么高！

跑步健将

大象的奔跑速度可以达到每小时40千米，也就是说，这个庞大的厚皮动物跑得比世界上最快的人类更快。不过只有在遇到危险时，大象才会这样奔跑。通常情况下，它们悠闲的行进速度是每小时5千米左右。

体重惊人

刚出生的小象就有75～150千克，之后它每一天差不多都会增重1千克。

150 kg

长寿之星

台北动物园的亚洲象林旺活到了 86 岁高龄，是世界上所有动物园中最长寿的大象。欧洲最长寿的大象维尔雅则曾生活在斯图加特的威廉玛动物园，活到了 61 岁。

很多在动物园中生活的大象活不过 40～50 岁，至于这种厚皮动物在野生环境中一般能存活多久，我们并不是特别清楚。

六次换牙

如果算上乳牙的话，大象一生会换六次牙齿。乳牙大约 3 年后就会掉落，之后每一批新牙齿都能用 10 年左右。

听觉灵敏

大象是世界上拥有最大耳朵的动物。不过如果考虑耳朵与身长的比例，蝙蝠就会更胜一筹：有一种蝙蝠只有 5 厘米高，但它的耳朵足有 4 厘米长。

声音洪亮

大象互相交谈的声音可以非常洪亮。它们的鼻号能达到 90 分贝，相当于一辆卡车行驶的音量。

孕期漫长

母象是所有哺乳动物中孕期最长的：一只小象足足需要 22 个月才能来到世界上。出生之后，小象需要在妈妈身边度过大约 2 年的哺乳期。

生活在 萨瓦纳草原

解渴之地

水源旁边往往热闹非凡：这里不仅只有大象在饮水止渴，还有很多其他动物。

寻找水源

在特别干旱的情况下，大象会用鼻子和长牙挖掘地下的水源。

当非洲萨瓦纳草原上的太阳冉冉升起时，象群早已经开始活动了。这些厚皮动物每天需要用大约17小时来进食。不用感到惊讶！毕竟它们每天至少要吃上150千克的植物才能感觉到饱。除此以外，大象每天还要喝150升的水。正因如此，可没什么时间给它们偷懒！

在古老的迁徙之路上流浪

为了保证所有大象都能获得足够的食物和水，象群总在不断地移动。这些动物甚至会一边行走一边进食。它们排成一列，在草原上沿着固定的路线快步行进。这条古老的路径会将象群引领到不同的水源和食物所在地。

一代又一代的大象将这些迁徙路线的信息传递了下来。除了植物中的营养成分以外，大象还需要补充维持生命所必需的矿物盐。因此，它们也必须经常找寻富含矿物盐的土地。不过因为大象的舌头太短，它们没法像其他动物那样直接舔食矿物质。作为替代，它们会吃一些盐分较高的土块或者用象鼻卷一些富含矿物质的石块塞进嘴里。当然在咽下去之前，大象强有力的牙齿就能将这些石块磨碎。

漫漫长路

通常情况下，象群每天都会寻找一处水源。在那里喝饱了之后，它们就会洗个爽快的澡或者在泥水中打滚——泥土层可以很好地帮助大象抵御寄生虫。在水源丰富的地区和萨瓦纳的雨季，象群一般都能找到充足的水和食物，这样大象就不必为了吃饱而迁徙到很远的地方了。但是在干旱的时节，食物就会变得稀缺。仅有的几处水源边上往往聚集着很多动物，附近的几个进食点很快就会变得光秃秃的。

这个时候，为了寻找足够的食物和水，象

一直在路上

为了寻找食物和水，大象需要不断穿越广袤的地域。

休息时间：在最炎热的中午，象群会躲在阴凉处歇息。

群甚至必须在一天内行进 70 千米。大象的鼻子嗅觉灵敏，即使在 9 千米外都能闻到对自己性命攸关的水源。此外它们也能靠自己强有力的长牙在干涸的河床下挖掘出地下水。紧急情况下，它们可以好几天不喝水。

睡眠时间

一直要到午夜过后，象群才会渐渐安静下来。年幼的大象通常会躺下睡觉，年长一些的大象有时则会站着休息。如果一只身形高大的大象要躺下睡觉的话，那么最多一个小时之后它就必须重新站起来，否则它的体重给身体带来的压力就太大了。

成年大象在夜间所需要的睡眠不超过 4 小时，幼象会睡得更久一些。象群休息时，至少有一只大象会负责站岗放哨，因为安全第一！

有趣的事实

祝你们胃口好！

一只大象一天可以排便 20 次，因为大象消化食物的能力不好，所以它的粪便中还留有很多营养物质。因此，大象粪便对于其他动物来说就是美味佳肴：小鸟、昆虫和猴子都能从中找到不少种子和果仁。对于苍蝇、屎壳郎和蠕虫来说，大象粪便自然也是一种重要的食物来源。

真干净啊！

泥水浴是很干净的，它不但可以预防晒伤，还能驱赶讨厌的寄生虫。

戏水之乐

象群终于抵达了水坑。为了降温，大象妈妈正在喷湿它的孩子，这对小象很有好处！

长幼有序

不同年纪的大象共同在象群中生活。年长且有经验的大象负责发号施令。

谁是这儿的老大？

大象并非独居动物——至少母象不是。通常 8 ~ 15 只母象和它们的孩子会在一个象群里生活。少数情况下，一个象群的大象数量会达到30只之多。公象在出生几年后就会离开象群，而母象则会终生在一起生活：因此一个象群中总是有不同年龄的大象。只有在一个象群过于庞大时，才会有几只年轻一些的母象离开这个集体，去组建一个新的象群。

① 大象正用鼻子互相亲昵。
② 在象群中，大象总是互相帮助。
③ 大象会为死去的同伴守一会儿灵。

患难与共

象群成员之间的联系非常紧密：大象经常会为了互相交流和维持社会交往而暂停日常的觅食。它们会挨着对方站立，用鼻子互相抚摸和嗅闻。它们也会缔结友谊，照顾生病或者受伤的同伴。通过这种方式，它们尝试着帮助无法独立生活的大象重新振作起来。当有小象出生时，象群也会帮助妊娠的母象并支持幼象的养育。

家族聚会

大象这种敏感的厚皮动物老远就能认出和自己有亲缘关系的象群。它们会互相热烈地打招呼和交流。特别是当多个象群在同一个水坑相遇的时候，它们还会暂时地聚集在一起。这样一个象群联盟甚至可以集结 200 只以上的大象！幼象也会在一起玩耍。这样一来，大象不但可以互相学习，还结交了新的社会关系。即使它们在数年之后才重逢，这种聪明的动物也能互相认出对方。

注意!

别再前进了！当遇到危险时，首领母象会站在象群前方威胁攻击者。成年大象会围成圈，把小象保护起来。

神秘的大象墓地

人们在非洲的一些地方发现了特别多的大象骸骨。大象真的会选择一个地点离开这个世界吗？科学家们为这种现象找到了一个可能的解释：随着年龄增长，大象的最后一批牙齿逐渐不能再用了，于是它们经常会选择迁徙到比较湿软的区域，那里的植物更加柔软，容易咀嚼。很多年迈的大象隐居在这些地方并且最终也在那里走到了生命的终点，所以那里才会堆积了如此多的大象骸骨。

母象首领和她的象群

一般情况下，象群会由最年长的母象率领，因为它拥有最多宝贵的经验。它清楚所有的象群迁徙线路并且知道哪里能找到最好的进食点和水源，以此确保象群的生存。领头的母象会决定迁徙的路径和行走的速度。除此以外，它也能比年轻的大象更快地辨识出危险的降临。它会护在其他大象前方，判断象群应该逃走还是抵抗攻击者。这只聪明的大象会一直带领着它的象群，直至过于年迈或者虚弱，无法再完成它的工作为止。这个时候，这只母象就会离开象群，由另一只大象代替。如果首领大象过早死去，比如说突然被偷猎者杀死的话，象群就会失去非常珍贵的知识，这种情况将会给整个象群带来危险。

象群的哀悼

当一只大象的最后一批牙齿都不能再使用时，它就差不多走到了生命的终点，因为从此它会因为无法咀嚼食物而挨饿。如果一只大象死去，整个象群都会为它哀悼。大象会在尸体旁聚集，用鼻子抚摸或者轻轻推动死去的大象。通常它们都会在同伴的身边守上好几天的灵。象群会将死去的同伴安埋在树叶和枯枝之中。即使在迁徙途中，如果象群遇到一副大象骸骨，它们也会用鼻子轻轻抚摸，甚至经常带上骸骨中的长牙或者骨头走上一段路，而对于其他动物的骸骨它们则会视而不见。

➤ 你知道吗？

大象是会流泪的！在亲人死去时，这种温柔的厚皮动物会淌下泪水。

盛大的家族聚会

大象经常在水源附近和自己的亲朋好友碰面。

象群的繁衍

大肚皮

一只母象的孕期大约有 22 个月那么长，但是一直要到最后 6 个月肚子才会渐渐凸起。

对整个象群来说，幼象的诞生是一件大事。小象快要出生的时候，怀孕的母象就会去寻找一个适合的地方生产。因为母象是站着生育小象的，所以必须保证小象轻轻地落到地上。在生产过程中，其他的大象会在象妈妈的身边围成一个保护圈。一只有经验的母象会像助产士一样在一旁协助。当小象从母体滚落下来之后，它会帮助象宝宝从羊膜囊里出来。大象会高兴地抚摸、嗅嗅小象，还会发出轻轻的咕噜声，来欢迎小象的降生。

营养丰富！！

小象刚降生一会儿就会尝试着靠自己站立起来。通常小象都会有些摇摇晃晃，所以象妈妈会用鼻子或者脚小心地支撑着它。象宝宝很快就能找到自己妈妈两条前腿之间的乳头，开始贪婪地吮吸乳汁。为了不让鼻子碍事，小象会直接把自己的鼻子向后夹住。只需要几个小时，小象就能自己行走了，大概两天之后，小象就已经足够强壮，可以和象妈妈一起跟上象群了。

小象出生后的前几年都由象妈妈按时哺乳，每天要喝上大概 10 升的奶。大象的乳汁可以提供小象成长所需的各种营养物质。新生的象宝宝会迅速长大，两岁之后，小象就能学会自己进食植物，不过通常情况下，幼象要三岁后才会完全断奶。

象宝宝

刚出生的小象主要跟随着照顾自己的象妈妈。象妈妈会给小象洗澡降温，还会把小象推到自己的肚子下面乘凉。渐渐地小象就会变得越来越勇敢，开始好奇地探索周围的环境，和其他的小象交朋友，一起横冲直撞。因为只要小象还在喝奶，它就不需要整天找食物吃，也

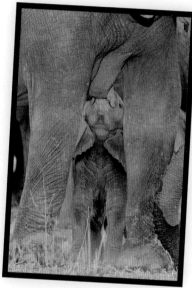

上面有奶喝！

新生小象大约有 1 米高，但是和它的妈妈相比，它还是个小矮人。非洲草原象宝宝因此要努力撑开四肢才能喝上奶。对于印度象宝宝来说，喝奶就要容易一些了：它们的妈妈不是大长腿。

小象的降生

终于到了这个时刻！象宝宝看到了世界上的第一束光。

助 产

一只有经验的母象正在帮助象妈妈生产小象。

我们去哪儿?

为了不掉队，当象群迁徙的时候，小象总是紧紧地跟着自己的母亲，因为在妈妈的身边是最安全的。

一块小小的阴凉之地
小象在妈妈的影子里避暑。

就有了很多玩耍的时间。正因如此，小象经常会出现脱离象群的情况。不过幸好象妈妈不是独自在照顾它的孩子，整个象群都会一起抚育小象，就像一个大家庭一样！特别是那些还没有自己孩子的母象会帮象妈妈的忙。它们会关注小象是否紧跟着象群，用鼻子警告性地轻推小象或者陪着小象玩耍。有危险临近的时候，整个象群就会围成一圈，把幼象保护起来——所以小象在象群中是非常安全的！

小象的成年

小象 5 岁之后就会变得更加独立。从此它开始自己寻找食物，并在象群中学习一切生存必要的技能。因为母象平均 5 年会生产一次，小象在这个年纪经常会多一个象弟弟或者象妹妹。尽管如此，小象依然会和象妈妈保持着亲密的关系。年轻的母象会帮忙照看更年轻的象宝宝们。这不仅加强了整个象群的团结，也让小象有机会为自己以后成为母亲做好准备。到了 13 岁，小象差不多就成年了。母象开始承担起自己在象群中的责任，并且很快也会生养自己的第一个孩子。而公象则会离开象群，开始自己的迁徙。

有趣的事实

很有安抚作用！

象宝宝们通过吮吸自己的鼻子来安抚自己——就像人类的小孩吮吸自己的大拇指或者奶嘴那样。

从玩耍中学习

小象通过玩耍不仅能获得很多乐趣，也能从比自己年长的小象身上学到很多东西。

强壮如象!

谁是这儿的老大？这只成年公象正在威胁性地挥舞着象鼻。

小公象和小母象一样，会在象群中备受保护地度过自己的童年时光。不过年幼的公象从小就喜欢互相挑衅，用鼻子打打闹闹来测试自己的力量。通过这种嬉戏，它们开始学习自己成年后所必需的技能。随着年龄的增长，小公象会变得越来越好斗：它们会激怒其他的象群成员，和别的大象扭打来展示自己的强壮，并给象群带来一些骚动。到了 8 ~ 15 岁，公象就性成熟了，它们必须离开自己母亲的象群。从此年轻的公象就开启了一种崭新的生活：它们开始独自迁徙或者暂时和其他的年轻公象组成松散的象群。现在它们必须要互相学习，怎样作为一只成年公象在集体中生活。

谁是最强者？

年轻的公象群一般相处都很和平，只有在少数情况下才会有一些小摩擦，用以测试自己的力量和练习格斗的技术。不过等到公象成年以后，情况就不同了，因为从这时候开始，它们在象群中的地位就会变得至关重要：最强的公象可以发号施令并且最有可能得到与母象交配的机会，而那些较弱的公象则必须耐心等待。公象会通过有时看起来似乎非常危险的打斗一

➡ 你知道吗？

大象一生都在长高，因此我们也可以根据身高来判断大象的年龄。

年轻的公象一起穿越陆地并且互相学习。

"巨人"之战：为了将自己的对手击败，大象会使用各种各样的格斗技术。

两只大象正在用象鼻互相亲昵。

决胜负。它们昂起头，张开耳朵，冲向对方。它们用鼻子缠斗在一起，用长牙撞击对方并且尝试用头顶开对方。不过这种打斗很少会导致受伤。一旦分出胜负，落败的大象就会后退，而胜者也会就此停手。

身强力壮

随着年龄的增长，公象往往会越来越频繁地独自迁徙，最终它会完全脱离年轻的公象群。30～40岁的公象基本就是象群中最强壮的了。只有在求偶的时候，它才会寻找象群，捕捉到母象求偶的声音和气味之后，公象首先必须打败其他的公象。求偶成功后，它才能靠近母象。在真正的交配之前，两只大象会用象鼻热情地爱抚对方。交配之后，公象就会离开象群，重新开始独自迁徙。

一段无法预测的时间

虽然成年公象一年四季都可以交配，但是实际交配往往会发生在它们的狂暴期。在波斯语中，"狂暴"一词也用来描述醉酒者的行为。一只成年大象每年都会经历一段狂暴期，在这段时间里，即使是最温顺的公象也是无法预测的：一点小小的动静就会使它疯狂。

狂暴期的公象喜欢攻击一切敢靠近自己的东西，而此时的公象往往也会在和其他公象的打斗中胜出。从外表来看，我们可以简单地通过公象头部的颞腺流出的油状液体来判断公象是否处于狂躁期。公象的狂暴期短则几天，长则持续好几周。这个时期过去之后，大象又会重回镇静。

老当益壮

随着年纪变大，成年公象越来越成为好脾气的独行者。在非洲，特别高大且年长的公象被称为大长牙象。这些灰色"巨人"是国家公园里的明星。它们的象牙有2.5米长，每颗牙齿的重量超过50千克。科学家们估计，目前存活着大约40只这样的巨象，但是它们正处在危险之中：巨大的象牙和突出的体形让它们成为偷猎者和大型掠食者们追逐的对象。

一只正处在狂暴期的大象是不可预测的，而且它对周边的一切生物都充满威胁。

一只大长牙象：只有少数的公象会长到那么高大。如果象牙变得太长也有可能折断，不过它们还会重新长出来的。

你们大家又到哪儿去啦？就不能等我一次吗？

大象的语言

大象不仅仅只会鼻号！它们能用非常多样的声音和音调进行交流。特别是母象常常需要一起商量，毕竟象群生活有许多事情需要安排，而那些独行的公象也有不少想法要表达。研究人员发现，每只大象都有自己独特的音色并且可以通过声音辨认对方。另外，每个象群的语言也会稍有不同——也就是说，大象也有不同的方言！大象还掌握着一套精妙的肢体语言：它们可以通过摆动耳朵、跺脚和拍打象鼻来互相交流。

用次声波进行远距离交流

大象可以发出人类完全听不见的声音，这种隆隆的低鸣声，在频率上处于次声波的区间，十分低沉。这种声音是大象用自己的声带发出的，声音的高低取决于声带的长度和厚度。大象的身形越高大，声带越宽厚，它的声音也就越低沉。正因如此，小象无法发出隆隆的低鸣声，它们太小了，声音过于高亢！这种隆隆声不仅能像普通的声波那样通过空气传播，也能通过地面波扩散出去，带起土地轻微震动。大象

鼻号

大象鼻号的原因有很多：可能是因为遇到危险，或者是想要打招呼，还可能是在寻找自己的象群。

麦克风

记录大象的声音

大象研究员安吉拉·施多格·霍瓦特正在用一支麦克风记录大象发出的声音。

分析录音

安吉拉正在评估这只大象的录音。很多声音都落在次声波的区间，所以我们是无法听见的。

小朋友别挡道！你想尝尝我的厉害吗？

有趣的事实

学习外语

　　大象特别擅长模仿其他声音，比如说卡车的轰鸣声。大象还能学习外语。研究人员曾经在动物园里观察到，为了和在自己领地中来自亚洲的母象更好地相处，一只非洲象学会了亚洲象叽叽喳喳的交流语言。

踩　脚

当大象用腿生气地踩脚时，你可不能再惹这些厚皮动物了。

不仅能用它们极其灵敏的耳朵捕捉到声音，也能用自己的脚掌感受到声波，因为它们的脚底配备着高度敏感的感觉细胞。这些被捕捉到的信号会被进一步传递到内耳。研究人员推测，大象就是这样接收到 10 千米之外的信号的！大象可以通过隆隆的低鸣声释放出各种不同的信息，比如它们的年龄、性别还有是否正在求偶。用这种方式，它们还能把自己的位置告诉远处的大象，或者向它们示警。

隆隆低语和鼻号信号

　　在有需要的时候，象群一般用隆隆的低鸣进行交流。大象通过这种轻轻的低鸣声保持沟通。一旦有危险降临，象群反而会变得沉默。

　　大象的鼻号可以表达很多意思。在遇到危险，比如有狮群袭击时，大象会发出很响的鼻号声，这样一来，所有的大象都能接收到警告！大象会通过鼻号来寻找自己的象群。如果大象生气了，它会仰天长啸表达愤怒。大象也会用鼻号声表达自己开心的情绪，比如相熟的象群会高兴地用"突噜噜"声来互相打招呼。

拍打耳朵

　　大象妈妈们通过响亮地拍打自己的耳朵来呼唤孩子们。她们会快速地前后扇动自己巨大

的耳朵来发出拍打声。年长的母象也通过这种方式通知象群迁徙路线的改变，听到这个信号，年轻的大象马上就会跟上。

大象示威

　　当一只大象想要威胁它的对手时，它会直起自己的身体，竖起双耳和尾巴。它的鼻子会指向上方或者对手。如果这些还不能把对手吓走的话，大象会表现得更加明显：它会先把鼻子卷起来，再用力甩出去拍打地面，它还会充满威胁地把鼻子晃来晃去。如果大象先微微低头又猛地抬起，说明它已经做好了攻击的准备。

摆　动

看这只大象摆头的样子就能知道，它明显是被激怒了。

你知道吗？

　　非洲象的语言和亚洲象的语言是不同的。亚洲的大象用叽叽喳喳的声音互相交流，而非洲的大象则通常使用隆隆的低鸣声来交流。

神圣的 大象

1816－1916 年，泰国当时还叫暹罗，它们的国旗上有一只白色的大象。

最强健的大象驮载着圣物，里面包括一颗释迦牟尼的牙齿舍利子。

在斯里兰卡的康提，每年都会举办一个热闹的盛典。无数观光者会从各地涌入这座城市，开启佛牙节长达十几天的庆祝活动。这是一个纪念佛教创立者释迦牟尼的节日。月圆夜的盛大游行将节日推向高潮，几千名舞者和上百只装扮华丽的大象一起穿越街道。游行前一天，牵引大象的驯象人会帮大象做好晚上登场的准备。他们会在庙宇前的喷泉用力刷洗这些厚皮动物，给它们装饰上华丽的披肩和无数的小灯。最高最强壮的大象会穿戴上用金子和天鹅绒制成的斗篷。在游行时，它会在背上驮着一个镶满装饰的小箱子，里面放着寺庙里保存的圣物。一只大象要经历大约 20 年的训练，才能被允许参加游行。

终于到了大日子那天，夜幕降临，壮观的场面开始了：大象披戴着绚丽无比的装饰，在火炬和灯光的映照下，走过那些对着它这些庞然大物和无数舞者发出惊叹的人群。

聪慧的象神

亚洲象在印度教和佛教中扮演着重要的角色。在很多亚洲国家，大象都是神圣的动物，因为它们代表了象头神甘奈施：这个印度教的神祇长着人的身体和大象的脑袋，它是掌管智慧、科学和艺术的神。人们相信甘奈施会带来幸运，消除障碍，因此它非常受人们欢迎，人

➡ 你知道吗？

印度教的信徒崇拜很多神祇，除此以外，他们也和佛教徒一样相信轮回。只有那些过着良好生活且不断追求知识的人才会在某个时刻不再轮回重生。他会涅槃，达到开悟的境界。

和泰国一样，在很多亚洲国家能看到象头神甘奈施的雕像。

在很多亚洲国家，白色大象都是神圣的，它们不能被用来干活，必须被好好地照顾。

这3只白色大象是泰国王室的象征，这座雕像位于泰国首都曼谷。

们会因为各种原因向它祈求帮助：比如当面临考试、结婚或者第一次去上学的时候。学生们甚至学习了一首赞美甘奈施的歌曲，祈祷它能给自己的学业带来帮助。白色大象本身就被视为幸运物，信徒们更是认为它们象征着神圣的佛陀。

白色大象

白色的大象尤其受到人们的崇拜。这种动物非常稀少，它们的肤色要比其他大象浅得多，看上去几乎像是粉色的。它们的睫毛是金色的，脚指甲也都是浅色。但是并非所有的白色大象都是真的患了白化病，很多其实只是看上去肤色较浅而已。几个世纪以来，白色大象在泰国和缅甸都象征着权力和富贵。16世纪时，两个国家为了争夺4只白色大象甚至引发了一场战争！直至今日，泰国仍然有一条法律，即所有在泰国被发现的白色大象都要献给国王，因为国王拥有的白色大象越多，他的声望也就越高。

一份被嫌弃的礼物

长久以来，在泰国被国王赠予白色大象是一件无上光荣的事情。但是并非所有接受这份礼物的人都会为此感到高兴，因为这种神圣的动物是绝对不能被用来干活的，与此同时，这位新的所有者有义务好好地照顾它们。大象的饲养和照顾成本很高，因此这份贵重的礼物甚至有可能让人破产。直到今天，英语中还将无用又带来很多烦恼的东西称为"白色大象"。

这座古老的佛教庙宇被许多石头打造的大象包围着。

触摸大象可以带来幸运！在这座印度寺庙里，只要一点点捐赠，信徒们就可以近距离接受大象的祝福。

强壮的大块头

这样的泥浴对大象很有好处！驯象人正在呵护大象敏感的肌肤。

在非洲几乎没有训练大象的传统。但是在亚洲，如印度、泰国、缅甸、斯里兰卡等国家，大象几个世纪以来都被用于劳作，毕竟这些强壮的庞然大物在拖拉重物方面是无人可及的：它们可以拖动 4 吨重的东西！但是与马或者牛不同的是，饲养这个灰色"巨人"并不容易，因为被圈养的大象很少会生育后代。此外，照顾怀孕的母象整整两年直至它生下小象，这也是一笔不小的花费。因此，尽管大象在很多地区已经濒临灭绝，而野生的幼象还是经常被捕捉起来。

勤劳的帮手

林木业有许多需要移动重物的工作，所以大象在这个行业是人类尤其重要的帮手：这些强健有力的厚皮动物能够帮忙将几吨重的树干移开。对于轻一些的重物，大象则可以用自己的鼻子卷起来携带。此外，公象还可以将树干

比较轻的货物也会被放在大象的背上运送。

公象承担着最重的任务，它正在用象鼻推着滚动一根原木。

人们骑在一头大象的背上穿越河流。

放置在自己的象牙上面。通过这些方式，树木可以被运送到卡车或者火车上，然后整齐地堆放起来。和现代拖拉机不同，大象在工作时能保护森林的环境，不会在地上留下难看的轨道痕迹，也不会摧毁树木周边的植物。另外，这些轻手轻脚的巨人还可以在机器难以进入的地方开展工作。

一生的伴侣

每只工作的大象都由它的驯养人来引导，这位牵引人往往也是大象的拥有者，理想情况下，他们可以终生在一起工作。从训练幼象开始，驯象人就要对它负责。通常情况下，培训会在大象 7 ~ 11 岁开始。驯象人要教给大象大约 30 个不同的指令，一旦大象掌握了它需要完成的动作，这种聪明的动物就只需要很少的指导了。在工作过程中，驯象人会坐在大象的背上，通过喊出不同的口令和在大象耳后轻轻地踢打来引导大象。驯象人的装备中还有一根头部有尖刺的棒子，利用这根棒子，他可以在大象不听话的时候戳到它比较敏感的部位。不过一个好的驯象人很少需要用到这个工具。工作完成以后，驯象人要好好犒赏这位勤劳的工作者，保证它能够洗上一个凉爽的澡，也有足够的时间来吃东西。因为即使工作的大象是被喂养的，它们每天也需要好几个小时来进食。但是并不是所有的驯象人都将自己的大象照看得很好，大象被残忍剥削的例子屡见不鲜。它们承担着艰难枯燥的工作，但依然被残暴地对待，甚至还要挨饿。难怪有些大象会变得暴力起来！如果驯象人能好好照顾自己负责保护的大象，在他们之间就能建立起维系一生的信任关系。某些地区的大象在工作很长时间以后，例如印度的喀拉拉，是可以过上它们为自己挣得的退休

年迈的大象在泰国的北碧府被照顾得很好。游客们正在给它们喂好吃的。

生活的。大象在 65 岁之后就不用再工作了，但它们依然会获得食物和养护。在泰国甚至有一所专为大象而设的养老院！

工作大象的结局

如今对工作大象的需求越来越少了。在很多地区，它们被维护成本更少、且不用休息的高功率机器替代。除此之外，斯里兰卡和泰国也已经禁止砍伐珍贵的树林。实际上这是一个好消息：因为那些帮忙砍伐树木的大象同时也在毁坏自己的生存环境。但是正因如此，很多驯象人都失去了工作，而养护大象是非常昂贵的，一些大象最终沦落到城市中乞讨，勉强维持着凄惨的生活；另外一些大象找到了新的工作，比如驮着游客们穿越自然风光。

多面的
厚皮动物

优质的饲养

在泰国南邦府的皇家大象园区，大象的身心健康得到了重视，它们有着规律的工作时间和充足的休息。

大象可以帮助人类劳作，可以被当作坐骑，还可以学习那些令人类惊讶的技能。尽管是野生动物，可聪明的大象很容易被驯养。不过这些厚皮动物的健康常常不被关注，它们不得不学习那些和自己天性并不相关的技巧。在观众散场后，它们会被链子锁着并且经常挨打。而泰国北部的一些大象园区则展现了不同的样貌：在这里，这些厚皮动物被善待，受过良好培训的驯象师会训练它们。这些大象工作时间规律，活动区域宽敞，还拥有可以每天泡澡的独立池塘。

➡ 你知道吗？

在古代，被驯养的大象就已经出现在马戏团了。直到今天，在一些马戏团表演中，人们仍会惊讶于那些展示技能的大象。然而在马戏场之外，大象的生活通常很悲惨：关大象的笼子通常很小，几乎没有活动场所，训练也十分严苛，人类经常用暴力逼迫大象表演。不过令人庆幸的是，越来越多的马戏团不再选用这些野生动物。

大象节

在许多亚洲国家，大象是节日和游行的固定搭配。老挝每年会举办大象节，来自全国各地的驯象师会和大象一同参加，它们会被盛装打扮，然后参加游行，最后人们会从中选出一头最美丽的大象。而印度斋普尔的大象节色彩尤其绚丽：这些灰色"巨人"不仅穿着五光十色的服饰，全身还被艺术家用鲜艳的彩色颜料涂抹。这些盛装的大象吸引着来自世界各地的观光客。

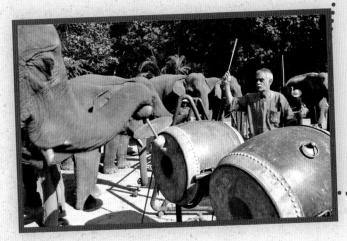

演奏音乐的大象

　　泰国南邦府的大象是由受过专业训练的驯象师照顾的，训练内容除了画画还有音乐。大象演奏一些适合它们的乐器，包括口琴、鼓、木琴等乐器。富有乐感的大象用这些乐器演奏出不同的旋律，而且非常成功。这个动物乐队已经发行了一张CD，并且这些厚皮动物看上去也非常享受演奏音乐。

充满异国情调的高座椅

　　在许多亚洲和非洲国家，人们会坐在大象背上观赏野生动物。大象不再驮着原木和重物，而是背着游客观赏风景。通过这种方式，人们可以更好地了解大象的生活环境，而且可以在这个透气的位子上观察其他野生动物，因为动物对隆隆作响的吉普车的恐惧远大于一只近距离的大象，而且这些厚皮动物也远比汽车要环保。不过，如果有人想要感受一次在大象背上游览的感觉，就必须好好关注这些动物是如何被对待的。

爱好运动的母象

　　只有母象会出现在大象马球比赛的赛场上。中场休息的时候，母象会大吃一顿以恢复体力。

长鼻子的球员

　　母象移动得非常迅速，而且善于团队合作，这正是参与团队运动最好的前提条件。在大象马球比赛中，每3~4只母象组成一队。驯象师骑在母象背上，身后还会坐着一名击球手。比赛分两个半场，每半场10分钟。和真正的马球比赛一样，击球手需要通过球杆把球攻入对方的球门。不过这一运动形式也备受争议，动物保护主义人士批评，大象在比赛中经常会被打到，而且还会被人用尖尖的棍子驱赶。当然也有其他不同的意见，有人认为这些聪明的厚皮动物非常喜欢打马球，而且对人类和动物来说，乐趣是非常重要的。

19世纪，大象出现在动物园是一个轰动性事件，而大象的身心健康却无人关心。

动物园中的大象

　　大象绝对是动物园里游客们最喜爱的动物之一，但是如何恰当地对待这些厚皮动物并不是那么简单，因为这些体形庞大的动物需要宽敞的活动区域以及一个正常运作的象群才能感到舒适，但是只有极少数的动物园能提供这些条件。

围栏后面

　　野生动物被关在动物园已经有几千年的历史了。皇帝和国王们用建造公园的方式来彰显他们的强大。中世纪的时候，异域的动物会被关在围栏里供人们观赏。这是私人动物园的一种形式，通常在统治者宫殿的绿地上或花园内。后来出现了流动的动物园。

　　展出动物的人是一些处在社会底层的流浪者，他们带着自己的动物伙伴在不同的地方做展览。随着时间的推移，这些动物展览就演变成了今天的动物园。而很长一段时期，动物园里动物的身体状况都无人问津。狮子、犀牛、大象及其他来自遥远国家却不为人知的动物出

▶ 你知道吗？

　　世界上现存最早的动物园位于维也纳，始建于1752年。1844年，第一家德国动物园在柏林开业，展出的都是普鲁士大帝弗里德里希·威廉四世的动物。目前全世界有超过10 000家动物园。

现在欧洲是非常轰动的事情。参观者惊讶于这些珍奇异兽，因为他们从来没有见过这些动物。然而这些被关起来的动物境遇非常悲惨。体格庞大的大象被单独关在狭小的笼子里，有些甚至是两只大象被关在一起。它们无法自由移动，也几乎干不了其他事情。如果一只大象死了，人们就弄来一只新的填补空位。没有人考虑过这些动物的保护工作，这也导致大象变得越来越有攻击性，并且会袭击它们的管理员。

自己的后代

这些可爱的大象幼崽在汉诺威动物园出生了。许多动物园致力于大象的繁衍工作。在一些大象园区中，有些新生大象宝宝的母亲也是在动物园里出生的。

变迁中的动物园

直到今天，仍然有很多动物园中的大象被关在狭小的区域。在寒冷的季节，人们不得不用链子把大象拴在屋中。不过，许多动物园在过去几年都做出了改变。为了给这些灰色"巨人"提供一个尽可能舒适的生活环境，一些动物园放弃了狭小的大象园区。其他一些动物园对园区进行了扩建或者改造，使得整个象群都能舒服地生活。动物园的理念也发生了变化：工作人员研究大象的生活习性，为保护濒危物种做出贡献。像欧洲野牛、野生麋鹿或野马，它们如果不是在动物园里存活下来的话，可能早就在地球上灭绝了。同时，游客的想法也发生了变化，和一百年前不同，大象对许多游客来说不再是一个新鲜物种，小朋友们在书本或者电影中也早就看到过大象。越来越多的人走进动物园是为了感受大自然，了解动物的生活习性，以及在优美的环境中得到放松。

动物园中的后代

目前很多生活在动物园中的大象并不是在园里出生的，它们小的时候在野外被捕获并被带到了欧洲。过去很长一段时间里，

只有极少数动物园中的大象能有自己的后代，人们会在亚洲和非洲的野外捕获大象幼崽并带回到欧洲。不过随着野生的非洲象和亚洲象进口越来越困难，许多动物园努力了相当一段时间来繁殖大象。许多大象园区越来越关注大象的需求，大象繁衍后代也变得更加容易。每当动物园有新的大象宝宝出生，都绝对会成为一件了不起的大事。

更好地生活

不一样的环境！苏黎世动物园十分重视为这些聪明的"巨人"提供一个尽可能适合饲养的环境。大象有足够的活动空间，并能在象群中生活。

舒适的 动物园

为了让这些厚皮动物舒适地生活，许多动物园都竭尽所能，比如科隆动物园里的大象园，就尽可能合理规划了大象的活动区域：那里有足够的空间容纳 10 ~ 20 只亚洲象。母象和它们的孩子生活在一起，并且由一只领头象带领。室内有水池和地暖，室外大象可以在水沟里洗澡，在泥塘里打滚，或者在岩石上磨蹭。在有小山丘、岩石和树干的公象生活区，公象可以尝试争夺统治地位或者直接绕道而行。较深的水沟和岩石把大象园区和游客隔离开来。

有保护的接触

科隆大象园区的管理员和象群没有直接接触。这片地带装有视频监控，管理员通过电脑来远程控制开门和关门，这样可以让大象最大程度不受打扰地享受群体生活，即使在有大象要分娩时也是如此。其他母象会帮助即将分娩的母象，并一起照顾幼崽。截至目前，科隆的大象园里已经诞生了 10 只大象宝宝，而且未来会有更多的象宝宝出生。科隆动物园的园长西奥·帕格教授透露："一些在动物园出生的大象已经有了它们自己的后代，这里的象群以自然方式繁衍。"不过有时候大象也会需要人类的帮助，例如在它们生病的时候，因此管理员们引入了所谓的"目标训练法"。目标物是一根竹竿，它被当作延长的手臂。大象学着听从特定的口令，例如为了保养大象敏感的脚掌，管理员让大象把脚伸到它们所在的围栏一侧，然后大象就会得到美味的食物作为嘉奖。

在大象屋的一天

西奥·帕格教授向我们讲述了科隆动物园中大象的一天：每天清晨，大象会和管理员一

靠近或远离？

我们把动物园中大象的饲养方式分为截然不同的三类：直接接触、有保护的接触和无接触。

直接接触是指管理员在象群内部活动，这些灰色"巨人"听从管理员的指令，这种饲养方式的优势是日常的训练和照管工作容易开展；有保护的接触是指管理员借助栏杆或者其他安全的障碍物和大象隔离，大象接受训练，听从管理员的指挥，不过这一切只有在大象愿意合作的时候才有效；无接触是指管理员和大象尽可能不接触，大象不会接受训练，象群也尽可能不受打扰，不过这种情况需要有宽敞的活动空间，而且只有在大象被麻醉的情况下，才能对它们进行医学治疗。

直接接触

起训练一个半小时，剩余的时间它们会和自己的伙伴一起度过：洗澡、休息或者寻找食物。为了不让它们无聊，食物会藏在不同的地方。即使动物园已经关门了，大象还是很活跃，它们喜欢在半夜里洗个澡。

安全第一

这种饲养方式不仅对象群是有利的，对管理员而言也意味着最大程度的安全。尽管这些体格庞大的动物性格温和而且容易驯养，管理员和大象的接触还是相当危险的。传统的相处方式中，管理员和它们一起待在大象园区或围栏里，常常会出现大象攻击管理员的情形，其中也有致死的情况。因此在好多年前，德国动物园就禁止和公象的直接接触。强壮的公象在狂躁期内是难以控制的，即便是母象也可能有危险性，所以越来越多的动物园都会把大象安排在一个安全的区域，并用铁质的栏杆把大象园区和人类隔离开。

➡ 你知道吗？

在西班牙卡巴赛诺野生动物园，大象几乎可以不受打扰地自己待着。它们的生活空间特别宽敞，而且按照无接触的原则进行饲养。

沐浴后再用沙子冲个澡，这真是太舒服了！

大象园外苑

大象园内苑

从孤儿院到野外

当小公象卡利沙的妈妈去世的时候，它才2岁。卡利沙的妈妈被偷猎者打成重伤，以至于无法和象群一起迁移。而卡利沙一直陪伴在妈妈的身边，它俩就再也没有跟上象群。当大象救援站的团队发现它们的时候，大象妈妈已经因伤重而无法救治了，兽医只能使用麻醉剂结束它的生命。

在大象孤儿院

当母象在野外去世的时候，它的后代就会面临危险。因为大象幼崽在头两年还需要母乳的喂养，而通常情况下，一只母象只够哺乳一只幼象，所以象群中的其他母象也分身乏术。卡利沙因为失去母亲就快要饿死了，而象群也不得不抛下了它。不过在卡利沙悲惨的经历中也

和我一起玩耍！

管理员对小象悉心照顾。为了不让小象过度依赖某一位管理员，他们每24小时换一次班。

对卡利沙的救助

❶人们将卡利沙麻醉带回孤儿院，❷它慢慢适应了新环境，❸幸运的是，卡利沙快速恢复过来，并且和其他小象成了朋友。

有好事发生：这只幼象在达芙妮·谢尔德里克的大象孤儿院中找到了新家。这座位于肯尼亚的大象救助和放生站负责照顾那些因偷猎者而失去母亲的幼象。在这个大象幼儿园里，管理员日夜照顾着它们，每三个小时就会用瓶子给大象宝宝喂奶。由于它们无法消化一般的牛奶，救助站的创始人达芙妮·谢尔德里克发明了一种特殊的乳汁，她成了第一个养育大象宝宝的人。不过这些小家伙要想过得舒服，仅仅有食物是不够的。救助站想办法让这些胆怯的新成员和其他大象快速地建立联系，慢慢获得信任。和正常的象群一样，救助站里年龄稍长的母象会照顾幼象。随着时间的推移，那些失去母亲的幼象在这里找到了新的家人。

重返野外

这些幼象逐渐学会了吃绿色植物，以及寻找合适的食物。几百千米以外有两个放生站，当幼象不再需要喝奶时，它们会到其中一个放生站去，为野外生活做好准备。大象放生的过程最长可能要持续 8 年的时间，通常这并不容易：虽然有些大象能够很快融入野外的象群，但有些在刚开始的时候经常会再次回到救助站，有些甚至数年后还会回来拜访。一只名叫艾米丽的母象在回归野外很多年后又来到救助站，这次它是带着自己的孩子来看望管理员的。

真美味！硕大一瓶奶瞬间被喝光。什么时候会有下一瓶呢？

回到野外：在野化放生站，动物将要为野外生存做准备。

➡ 你知道吗？

自然保护主义者达芙妮·谢尔德里克于 1934 年出生在肯尼亚。1977 年，为了纪念她的丈夫，达芙妮成立了大卫·谢尔德里克野生动物基金会。救助和放生站点位于自然保护区的中心。目前，达芙妮·谢尔德里克已经拯救了超过 100 只大象宝宝的生命。

象牙——
白色黄金

在很长一段时间里，白色的钢琴键盘都是用象牙制成的。

象牙制成的开信刀：直到现在，每天都有 100 只大象会因为它们珍贵的长牙而被猎杀。

非洲象的一个重要标志就是长长的象牙，它们的象牙会随着年龄生长，所以老年公象的象牙特别坚硬。这些象牙可以充当支架、抓取工具或者作为武器。可惜这些有用的牙齿也给它们带来了厄运，因为象牙是偷猎者梦寐以求的战利品。

珍贵的材料

数千年前，许多物件都是由象牙制成的。在出土文物中，人们发现了距今 30 000 年、由猛犸象象牙制成的雕塑。此外，大象象牙在古代也被制作成饰品和雕像。后来，象牙雕塑家用象牙生产出昂贵的家具、饰品和日常生活的物件。在很长一段时间里，这些都是少数富人才能拥有的奢侈品。而到了 19 世纪，欧洲对象牙产品的需求激增。台球、钢琴琴键、梳子、抽屉、散步用的拐杖，以及电缆的隔离物都会用象牙制成。为了获取这些白色黄金，无数的

知识加油站

▶ "象牙"一词最早是指大象的骨头。

▶ 如今，象牙不仅指大象和猛犸象的牙齿，也可以指代海象、河马和一些鲸的獠牙或者犬牙。

强有力的象牙对很多大象来说竟成了厄运。

非洲象被射杀。紧接着，大象的数量急剧减少，象牙也随之变得稀有，这一珍贵材料的价格飞速上涨。尽管在 1870 年就已经发明出了可以替代象牙的人造材料，但直到第二次世界大战后，人们对象牙的需求才开始下降。

2016 年，肯尼亚用大火销毁了 105 吨的象牙。这些象牙来自大约 8 000 只大象，它们有些是被偷猎者割下来的，有些是从自然死亡的大象身上取下的。这一举措彰显了肯尼亚抵制偷猎行动的决心。

面临危险的大象

对大象来说，它们的处境并未好转，因为直到今天，象牙依然受到全球追捧。这些灰色"巨人"在许多地区已经灭绝。尽管从 1989 年起，国际间的象牙贸易就已经被禁止，但在许多国家，象牙仍然可以被出售。只要有买家，就会有偷猎者去捕杀这些厚皮动物，由于象牙雕塑制品象征着财富，因而对象牙的需求旺盛，很多富人也愿意为此支付高昂的价格。象牙的非法走私给那些贫穷的国家带去了许多钱财。偷猎组织精心策划：他们使用现代化的武器偷猎，在大象的饮用水中投毒，并设置专门的陷阱。仅仅为了获取象牙，每年非洲大约有 20 000 只大象被捕杀，这一数量远大于每年出生的大象数量。现在只有大约 350 000 只草原大象生活在非洲，而且那些稀有的森林象也越来越少。

➡ 你知道吗？

雌性亚洲象通常没有或只有很小的象牙，而雄性亚洲象的牙齿也比非洲象要小很多。因此，偷猎大象的行为在亚洲并不像在非洲那么严重。

在很多不发达国家，象牙可以带来许多钱财。

大象的未来

自 2018 年 1 月 1 日起，中国全面禁止商业用途的象牙加工及销售。这意味着，任何出现在中国市场的象牙制品都是违法的。由于这个市场不复存在了，对偷猎者来说，脱手象牙制品也比以往困难。此外，有些国家决定联合打击大象的偷猎和象牙的走私。肯尼亚等国家已经认识到，那些活着的大象对他们来说是多么珍贵。想在野外观赏大象的游客可以为这个国家带来许多收入，而这些收入可以用来建造学校、医院和街道。从这一点来看，大象也在帮助人们改善生活。

科学家们乘坐飞机穿越 18 个非洲国家，统计大象的数量。

国家公园里的保护措施

为了让大象能在野外存活，它们需要被特殊保护。不仅偷猎者会给它们带来危险，生存环境的毁坏也会使它们的数量减少。随着亚洲和非洲人口的增长，人类需要更多的生存空间。人类为了使用木材和开拓田地而砍伐森林，这使象群几乎没有了生存空间。为了寻找食物，大象常常需要四处走动，因此经常会进入人类的活动区域，从而踩踏田地、破坏村庄及毁坏庄稼。为了保护自己，大多数贫穷的农民就会将大象杀死。

受保护的区域

为了确保这些灰色"巨人"的生存，许多国家都建立了自然保护区。在保护区里，除了大象，还有许多其他濒危动物可以不受打扰地生活。人类不能在那里定居或者砍伐树木，通常，当地人也不许进入保护区。野生动物保护员需要阻止偷猎者伤害那些动物。但这并不是一件容易的事情，因为保护区范围非常广，而且也无法实现监控全覆盖。此外，自然保护主义者通常没有足够的装备资金，而偷猎者却有着先进的武器和车辆。

厚皮动物的希望

尽管有各种各样的问题，在一些国家，如南非、肯尼亚和乌干达，这些保护措施还是取得了成效。近几年来，大象的数量已经维持稳定，有的地方甚至呈增长态势！不过这也带来了新的问题，大象会吞食植物、撕毁树木。如果它们的生存空间足够大，那么大自然可以自己修复。如果许多大象聚集在一个狭小的空间，那么它们就会破坏环境。而且许多象群并不只待在一个自然保护区，它们会从一个地方迁移到另一个地方，根据既定的路径，从一个食物点走到另一个食物点，通常会路过许多人类定居的区域。当那些饥饿的大象将农田洗劫一空时，人类会产生新的愤怒。此外，大象会把用来隔离狮子或者其他猛兽的栅栏撞倒。当地人对这些问题无能为力，许多人会抱怨大象似乎比自己的生存还重要。

在亚洲大约有 30 000 只大象生活在野外。在卡其兰国家公园，除了大象以外，还生活着孟加拉虎和水牛。

辣椒臭气炸弹由大象的排泄物和捣碎的辣椒组成，人们把一块燃烧着的煤片放在上面，就会产生一股刺鼻的气味，这种气味可以驱散大象。

大象的新出路

　　为了解决这些问题，一段时间以来，自然保护主义者采取了新的方法。5个非洲国家开始了一个独特的项目：超过30家国家公园借助长长的保护通道相互连接。这些通道和迁移路线一致，让大象和其他野生动物能够不受干扰地从一个生活区域移动到另一个，通过这种方式，形成了世界上最大的自然保护区。而农民们也被告知，可以通过辣椒臭气炸弹和电网等非暴力手段驱散大象。如果象群还是毁坏了他们的庄稼，他们也能获得足够的赔偿。此外，人们可以更好地融入国家公园当中：由当地人来担任野生动物保护人或者旅游向导。同时，他们也可以从旅游业中获得一部分的收入，这样，自然保护对当地人来说也就更有价值。

为了打击非法偷猎，南非路路威－因夫洛兹国家公园的野生动物保护员引入了猎犬。借用猎犬灵敏的鼻子来追踪偷猎者的行驶路径。

要想在国家公园里度过一天，游客们必须支付一笔费用。

➤ 你知道吗？

　　大象已经学会远离人群。它们通常在晚上往返于两个自然保护区，并且加速通过。此外，它们会选择离开不太安全的区域，进入少有偷猎行为的保护区。

埃尔贡山中的 洞穴大象

→ 纪录 180 米

大象在完全黑暗的环境下，走过了山体内长达 180 米的道路。

在肯尼亚和乌干达边界设有埃尔贡山国家公园，国家公园的名字取自埃尔贡山，这是一座古老的死火山，山顶海拔超 4 000 米。这里多雨且自然景观多样，有沼泽、草地、山林和竹林。这个国家公园是许多珍稀动物的家园。猎豹、水牛、薮羚、大林猪、森林象等都生活在这个区域。森林象非常胆小，人类也很少能够看见它们。

在山脉的内部

人们在基图姆山洞里可以发现这些大象的足迹。这是埃尔贡山众多洞穴里最大的一个，并且被命名为大象洞穴，因为森林象通常会离开安全的森林，来到这些洞穴的深处。大多数情况下，它们在夜里到达，在夜色的保护下从岩石的缝隙中挤过去，因为只有在山体内部，大象才能找到生存所需的盐分和矿物质。山洞里温暖而平静，但山路漫长而危险。山体里铺满石头的小路有 180 米长。墙上的碎石可能会掉落，部分山体也可能会滑落，所以象群在黑暗中慢慢地行走。母象小心地留意着它们的孩子，以确保小象在路上不会遇到意外。当到达终点后，它们开始开采盐矿：它们用象牙把柔软的、含盐丰富的矿石从山岩上挖

下来，并用牙齿捣碎。一只成年大象一晚上可以吃 20 千克的食物！此外，成年大象也会确保它们的孩子能摄入足够的盐分。为了解渴，它们喝岩石中渗出的水。在大象重返那条危险的道路前，它们会稍作休息，然后返回森林。

大象的盐矿

几千年以来，大象通过这种方式开采埃尔贡山的盐矿。关于地下矿物源头的知识，它们代代相传。随着时间的推移，这些大象挖岩石也越来越深，有些人甚至认为是这些大象挖出了那些洞穴。

含盐丰富的矿石

洞穴里矿物质蕴藏丰富：大象通过鼻子和象牙开采这些生命所需的盐分。

洞穴之路：这些森林象在黑暗中谨慎地缓步前行，通向山体内部更深处。

走进洞穴

国家公园的土地缺少盐分。基图姆洞穴是埃尔贡山众多洞穴中的一个，在那里大象和其他动物可以找到生存所需的矿物质。

洞穴中的危险

如果没有洞穴中的盐矿补充盐分，大象将无法存活，但同时洞穴里也潜藏着最大的危险：山体内部的气候为许多病原体的滋生提供了绝佳的条件，大象可能因此被感染。此外那些偷猎者也知道这些大象洞穴，很长时间以来，他们都把洞穴用作捕获这些大象的致命陷阱，几乎把它们全部杀光。之前在这片区域生活着大约1200只大象，而现在只剩下100多只了。幸运的是，现在自然保护主义者和偷猎者展开斗争，尽管危险重重，这些大象还是会不断回到洞穴里获取珍贵的盐分。

面临危险的森林象

这些害羞的森林象生活在雨林中，作为三个大象种类中数量最少的群体，它们正面临着灭绝的危险。过去几年中，森林象的数量急剧减少。

害羞且稀少

非洲森林象面临的灭绝威胁远大于它们生活在草原上的同类。这些特别害羞的大象的家乡主要在中非雨林。对科学家来说，茂密丛林中的大象数量比开阔草原上的更难统计，因此，他们试图通过粪便的数量来判定大象的数量。科学家估计，整个中非大约生活着不到100 000只森林象。由于森林象的象牙比其他大象种类的更坚硬，所以它们尤其受到偷猎者的追捧。此外，和它们的同类相比，森林象的繁殖更为缓慢。

名词解释

大象宝宝非常好奇，这里可以看到什么呢？

白化动物：得了白化病的动物，这些动物的身体缺少某种色素，因此它们会有白粉色的皮肤和白色的毛发。因为色素可以抵御阳光，所以它们的皮肤非常敏感。

濒危物种：是指那些在野生环境中只有极少数存活个体的动物种类。这些物种会被列在世界环境保护组织濒危物种的红名单上。

大长牙象：在非洲体形特别巨大并且年长的公象。据测算，约有40只大长牙象生活在非洲的土地上。

佛　教：世界主要宗教之一，在亚洲广泛流传，由佛陀创立。佛陀最早的名字叫释迦牟尼，出生于公元前565年。

冰川时期：历史的一个时期，在这个时期里，地球的温度非常低，山脉和极地都被冰川覆盖。历史上有许多冰川时期，离我们最近的一个出现在10 000年前。

象　牙：一种材料，主要来自大象、猛犸象的獠牙，以及海象、河马以及一些鲸的獠牙和尖牙。

大象数量：2014－2016年，大规模的大象数量统计在18个非洲国家展开。统计确认，大象的数量急剧减少，并且比预想中的还要少。

象　群：在大象中，母象通常和它们的孩子一起生活在象群中。

印度教：世界主要宗教之一，历史超过4 000年，在亚洲广为传播。印度教教徒信仰许多不同的神明。

驯象人：负责引导、饲养并照顾大象的人。

矿物质：所有的岩石都由矿物质构成，盐也是矿物质的一种。和人类一样，大象也需要摄入盐分以维持健康。

狂暴期：雄性大象的一个身体阶段，在这个阶段，它们身体中一种特定的荷尔蒙的分泌量会有所增加。大象在狂暴期通常会变得难以控制而且具有侵略性。

国家公园：国家为保护自然生态系统和自然景观的原始状态，同时供公众参观旅游而划出的大面积场所。

哺乳动物：除了极少数例外，哺乳动物大多是胎生。它们从母亲那里获得乳汁作为养分。所有的哺乳动物通过肺来呼吸氧气。

萨瓦那草原：热带草原，位于热带雨林和沙漠之间。地表的特征是有草、灌木和零星的树木。

声波与次声波：声波通过空气的震动产生，我们人类通过耳朵捕捉到声响。次声波由我们无法感知的空气震动产生。对人类的耳朵来说，次声波的波频太低了。

石器时代：历史上的一个时代，在这个时代，人类使用石制器具，以便用骨头、石头和木头制作物件。石器时代距今约250万年，并在4 000年前结束。

偷　猎：非法捕杀动物。在国家公园因为偷猎而引起濒危物种的死亡是一个巨大的问题。

目标训练：为了减轻管理的压力，这一方法在许多动物园得到运用。当动物做出正确的动作时，它们会得到奖励，而出现与预期不符的动作时则没有奖励。

热带雨林：沿着赤道分布的常绿森林，那里没有四季并且雨水充沛。

华盛顿公约：对濒危动植物的交易进行管制。到今天有183个缔约方（182个国家地区和欧盟）签署了公约。1989年，该公约禁止了象牙的交易。

内 容 提 要

　　本书介绍了自由自在的野生象群，以及动物园和马戏团里的大象。作者在介绍大象种类和生活习性的同时，还揭示了人类无节制地开垦土地导致大象的栖息地越来越小的真相，希望人类关注大象的生存现状。《德国少年儿童百科知识全书·珍藏版》是一套引进自德国的知名少儿科普读物，内容丰富、门类齐全，内容涉及自然、地理、动物、植物、天文、地质、科技、人文等多个学科领域。本书运用丰富而精美的图片、生动的实例和青少年能够理解的语言来解释复杂的科学现象，非常适合 7 岁以上的孩子阅读。全套图书系统地、全方位地介绍了各个门类的知识，书中体现出德国人严谨的逻辑思维方式，相信对拓宽孩子的知识视野将起到积极作用。

图书在版编目（CIP）数据

　　大象王国 /（德）安德里亚·韦勒－埃塞斯著 ；马佳
欣译 . -- 北京 : 航空工业出版社，2022.10
　（德国少年儿童百科知识全书 : 珍藏版）
　ISBN 978-7-5165-3034-4

　　Ⅰ . ①大… Ⅱ . ①安… ②马… Ⅲ . ①长鼻目—少儿
读物 Ⅳ . ① Q959.838-49

　　中国版本图书馆 CIP 数据核字（2022）第 075183 号

著作权合同登记号
图字 01-2022-1317

ELEFANTEN Die grauen Riesen
By Andrea Weller-Essers
© 2017 TESSLOFF VERLAG, Nuremberg, Germany, www.tessloff.com
© 2022 Dolphin Media, Ltd., Wuhan, P.R. China
for this edition in the simplified Chinese language
本书中文简体字版权经德国 Tessloff 出版社授予海豚传媒股份有限
公司，由航空工业出版社独家出版发行。

大象王国
Daxiang Wangguo

航空工业出版社出版发行
（北京市朝阳区京顺路 5 号曙光大厦 C 座四层　100028）
发行部电话：010-85672663　010-85672683

鹤山雅图仕印刷有限公司印刷	全国各地新华书店经售
2022 年 10 月第 1 版	2022 年 10 月第 1 次印刷
开本：889×1194　1/16	字数：50 千字
印张：3.5	定价：35.00 元

船的故事
从独木舟到远洋邮轮

飞机的秘密
人类飞行的梦想

火山探秘
来自地底的火焰

七大奇迹
上古时期的宝藏

汽车世界
精彩的汽车发展史

鲨鱼家族
海洋里的神秘猎手

百变天气
阳光、风和暴雨

穿越大自然
探究与保护

鲸和海豚
海洋里的哺乳动物

恐龙王国
失落消失的地球霸主

矿物与岩石
闪闪发亮的宝藏

爬行与两栖动物
壁虎、林蛙和巨蜥

大自然的力量
难以估量的威力

改变世界的电
高电压与超导体

各种各样的鱼
水下的奇妙世界

猫的家族
威有柔软爪子的敏捷猎手

奇境森林
动物和植物的天堂

忠诚的狗
四只爪子的英雄

浩瀚宇宙
宇宙的秘密

狼的故事
走进凶狠猎食者的领地

蚂蚁和白蚁
了不起的建筑师

美丽的蝴蝶
色彩斑斓的自然精灵

蜜蜂和胡蜂
美味的蜂蜜与可怕的蛰针

潜水的魅力
潜入水下的迷人世界

古老的希腊文明
诸神、英雄和诗人

古罗马生活
古罗马的社会百态

欧洲风情
人口、国家和文化

骑士时代
城堡、比武大会和贵族女性

舞动的音符
走进音乐的奇妙世界

古老的城堡
中世纪的见证

熊的秘密生活
棕熊、大熊猫、北极熊

化石档案
生命的诉述

奇妙的昆虫
六条腿的生存艺术家

极地世界
生活在冰雪王国

神秘的蜘蛛
丝线上的猎手

大象王国
温柔的"巨人"

海底宝藏
沉没的宝藏

2023 NEW

海洋之谜
海洋研究与保护

2023 NEW

火星登陆
红色星球定居计划

2023 NEW

忙碌的农场
动物、植物和农业机械

2023 NEW

时尚魅影
时尚的古与今

2023 NEW

全球气候
冰期和气候变化

2023 NEW